AF371130

MÉMOIRE

SUR

UNE ÉDUCATION

DE

VERS A SOIE,

OU

JOURNAL D'UNE MAGNANERIE,

PAR MATTHIEU BONAFOUS,

Directeur du Jardin Royal d'Agriculture de Turin ; de la Société royale et centrale d'Agriculture de Paris, des Académies des Sciences de Lyon et de Marseille, de la Société des Arts de Genève, des Sociétés d'Agriculture du Rhône, de l'Ain, de la Loire, de l'Allier, du Doubs, Saône-et-Loire, Indre-et-Loire, etc.

.... artem experientia fecit,
Exemplo monstrante viam.

MANILIUS.

TROISIÈME ÉDITION.

A PARIS,

CHEZ

MADAME HUZARD, LIBRAIRE, RUE DE L'ÉPERON, N°. 7.

A LYON,

BARRET, Libraire, place des Terreaux, n°s. 19 et 20 ;
BOHAIRE, Libraire, rue Puits-Gaillot, n°. 9.

1826.

De ma ferme de Saint-Augustin,
le 1ᵉʳ. mars 1826 (*).

AUX AGRICULTEURS.

La première édition de ce Mémoire fut publiée et rapidement distribuée, en 1823, par la Société royale d'Agriculture du département du Rhône, et la seconde n'ayant pas été détachée des *Annales de l'Agriculture française,* où MM. Tessier et Bosc l'insérèrent, j'eus le regret de ne pouvoir répondre aux demandes d'un grand nombre de Cultivateurs avides de mettre en pratique la Méthode que je me suis appliqué à propager. C'est afin de remplir ce vœu que je leur offre cette troisième édition, et je le fais avec d'autant plus de confiance que les résultats que j'ai obtenus, en suivant chaque année les mêmes principes et les mêmes procédés, ont été aussi remarquables que ceux que j'ai consignés dans ce Journal de mes opérations.

Je devrai aux succès de mes expériences un avantage bien précieux, si mon exemple devient de plus en plus un sujet d'émulation pour ces hommes éminemment utiles sans lesquels le luxe, qui les dédaigne, n'existerait pas et dont tous les arts sont tributaires.

(*) Elle est située dans la commune d'Alpignano, à 4 milles N. O. de Turin, sur la route du mont Musinet.

Jours.	Dates.	TEMPÉRATURE				HYGROMÈTRE dans l'Intérieur.		ÉTAT de L'ATMOSPHÈRE.
		Intérieure.	Extérieure au couchant.					
			minim.	maxim.		minim.	maxim.	
1er.	3o avril.	14 degrés.	12	17 d.		51	57	beau temps.
2e.	1 mai.	15	8	14		3o	47	vent et pluie.
3e.	2	16	7	14		20	4o	vent.
4e.	3	17	6	14		15	25	beau temps.
5e.	4	17	10	16		25	27	pluie.
6e.	5	18	9	18		26	36	pluie.
7e.	6	19	9	17		23	4o	beau temps.
8e.	7	19½	12	25		25	4o	beau temps.
9e.	8	20	14	2o		25	35	pluie et orage.
10e.	9	21	13	22		23	3o	pluie et orage.
11e.	10	21	12	15		25	3o	ciel nébuleux.

Le poids de la graine mise à éclore était de 3 onces. — Ce jour a été le plus serein qu'on ait eu depuis un mois.

La graine pesée aujourd'hui n'a présenté aucun déchet. — On a commencé à allumer le poêle.

Le poids de la graine a diminué de 22 grains.

Le poids de la graine a diminué de 40 grains. — Il a fallu tempérer la sécheresse intérieure par plusieurs arrosemens.

Le poids de la graine a diminué de 54 grains. — L'état de la feuille a engagé de maintenir dans cette journée la même température qu'hier.

Le poids de la graine a diminué de 76 grains. — En ouvrant l'œuf, l'embryon paraît formé. — On remue doucement les œufs deux ou trois fois par jour, jusqu'à ce qu'ils commencent à éclore.

Le poids primitif de la graine a diminué, jusqu'à ce jour, de 114 grains, ce qui forme le quinzième du poids total. — Les œufs commencent à blanchir et pétillent un peu. — Le *thermométrographe* (1) fit connaître que l'assistant avait laissé monter la chaleur à 21 degrés dans la matinée, et la température fut abaissée insensiblement à 19 degrés.

On a cessé d'observer le déchet de la graine, attendu que de 4 à 8 heures du matin, quelques vers étaient éclos. — On a étendu sur la graine une feuille de papier troué, sur laquelle on a placé de petits rameaux de jeunes mûriers.

Depuis 4 heures jusqu'à 10 heures du matin, beaucoup de vers sont éclos. — Vus à la loupe, ils paraissent châtains foncés, avec un collier blanc. — Leur longueur est d'une ligne environ. — Ces premiers-nés n'ont point été conservés.

Du lever du soleil jusqu'à midi, les vers sont sortis de leurs coques en quantité innombrable. — On les a transportés en plusieurs fois, avec *les tables de transport*, dans l'atelier qui leur est destiné. — Tous les vers nés après ceux-ci n'ont point été gardés.

Les coques des vers et les œufs non éclos pèsent environ le sixième du poids total de la graine. — Déduction faite du poids des vers qui n'ont point été conservés et de ceux qui ne sont point éclos, il ne reste à élever qu'une quantité de vers à soie provenus de deux onces de graines, soit près de 80,000 vers.

(1) Ce nouvel instrument, destiné à indiquer le maximum et le minimum de la température qui a régné pendant l'absence de l'observateur, se trouve décrit et figuré dans mon *Traité de l'éducation des vers à soie* (2ᵉ édition, Paris 1824), page 22; et dans le *Bulletin de la Société d'Encouragement* du mois d'août 1825. On le trouve chez M. *Bunten*, fabricant d'Instrumens de Météorologie, à Paris, quai Pelletier, n°. 26.

Jours.	Dates.	Quantit. de la Feuille.		TEMPÉRATURE				Hygromètre dans l'Intérieur.		ÉTAT de L'ATMOSPHÈRE.	ESPACE occupé par les vers sur les claies.	
				Intérieure.		Extérieure au Couchant.					largeur.	long.
		liv.	ouc.	min.	max.	min.	max.	min.	max		pieds.	pieds.
1er.	10 mai	»	14	18 ½	19	13	21	40	48	beau temps.		
2e.	11	3	»	19	»	10	12	40	50	pluie.		
3e.	12	6	»	19	»	11	14	46	50	pluie et ciel né-buleux.	3	15
4e.	13	2	7	19	»	9	15	41	47	pluie.		
5e.	14	1	9	19	»	11	17	39	41	ciel un peu né-buleux.		

OBSERVATIONS.

L'atelier (1) est un bâtiment isolé, situé au bord d'un large ruisseau : mesuré intérieurement, il présente un carré dont chacun des côtés est de 20 pieds dans tous les sens. On y a pratiqué cinq croisées et vingt soupiraux, dont 13 dans les murs et 7 dans le plancher supérieur. Deux poêles sont placés dans deux angles diagonalement opposés, et sur un des côtés est une cheminée, qui sert principalement à faire des feux de flammes. La porte de l'atelier est précédée de deux vestibules : le premier, en entrant, sert d'abri aux ouvriers, et le second est principalement destiné au service de l'atelier et tient lieu de chambre chaude.

Les claies sont au nombre de 40, ayant chacune 15 pieds de longueur sur 3 de largeur (de manière qu'on peut élever commodément les vers à soie provenant de 4 onces de graines). A la hauteur de 10 pieds, une galerie de bois borde intérieurement les quatre murs, et rend le service de l'atelier très-facile.

L'éducation régulière des vers à soie a commencé vers le milieu de cette journée. — La feuille, épluchée et coupée très-menu, a été donnée en deux repas, à 4 h. et à 10 h. du soir ; mais dans l'intervalle on leur a donné quelques petits rameaux.

Les vers prennent une couleur livide et leur tête commence à grossir. — La feuille leur a été donnée en 4 repas, non compris quelques feuilles qu'on leur a distribuées dans les intervalles. — A chaque repas, on leur a fait occuper plus d'espace, pour qu'ils ne s'endormissent point les uns sur les autres.

Dans la matinée, la moitié environ des vers s'est assoupie. — Au lieu de 4 repas, on leur en a donné 5, pour que ceux qui avaient encore appétit ne s'endormissent pas trop de temps après les autres. — Le soir, on a fait des feux de flammes plusieurs fois, et on a ouvert en même temps les soupiraux. — On leur a donné quelques feuilles à ronger entre les repas.

Au lever du soleil on a trouvé tous les vers endormis. — Dans la journée quelques-uns se sont éveillés. On a donné peu à manger à ces derniers, pour qu'ils ne devançassent pas trop les autres. — On a fait deux fois des feux clairs, et tenu les soupiraux ouverts.

A 9 heures du matin, on a délité les vers éveillés les premiers. — Dans ce jour, tous les vers s'éveillent. — Ils sont quatre fois plus longs qu'ils n'étaient à leur naissance. — On a fait trois fois des feux de flammes et ouvert les soupiraux. — Les vers dans cet âge ne se vident que très-peu.

---

(1) Il est figuré et décrit, ainsi que tous les ustensiles mentionnés ici, dans mon *Traité de l'éducation des vers à soie*, cité plus haut.

Jours.	Dates.	Quantit. de la Feuille.		TEMPÉRATURE				Hygromètre dans l'Intérieur.		ÉTAT de L'ATMOSPHÈRE.	ESPACE occupé par les vers sur les claies.	
		liv.	onc.	Intérieure.		Extérieure au Couchant.					largeur.	long.
											pieds.	pieds.
1er.	15 mai	9	8	$18\frac{1}{4}$	»	11	19	34	46	ciel nébuleux.		
2e.	16	13	8	$18\frac{1}{2}$	»	11	25	39	46	beau temps.		
3e.	17	16	»	$18\frac{1}{2}$	»	12	29	35	49	beau temps.	3	27
4e.	18	4	8	18	»	17	26	40	44	beau temps.		

OBSERVATIONS.

De grand matin, on a achevé de déliter les vers. — La feuille a été donnée en 6 repas. Les rameaux employés à les lever leur ont servi pour le premier. — Dans le délitement, on n'a pas trouvé un seul ver mort. — On a fait le soir un feu de flammes.

Dans cette journée, on a fait trois fois des feux de flammes. — Les vers prennent de l'appétit. Ils ont déjà une couleur plus claire. — Leur tête grossit et devient plus blanche. — Quatre repas, les deux premiers moindres.

Dans la matinée quelques vers se sont assoupis. — Vers les 4 heures du soir, la chaleur extérieure s'étant élevée à 29 degrés, on a pourtant maintenu la température de l'atelier à 19 d., en ouvrant la porte, les soupiraux et les fenêtres au nord et au levant. — On a fait des feux de flammes et des arrosemens. — Quatre repas, les deux premiers plus forts.

Tous les vers sont endormis et le plus grand nombre s'éveille. — La feuille fut distribuée suivant le besoin. — Au milieu de la journée, on a fait un feu de flammes. — Les jeunes vers annoncent une santé robuste. — On remarque sur leur dos deux lignes courbes semblables à deux parenthèses ( ). — Leur longueur est de 6 lignes. — Dans cet âge, ils ont rendu un peu plus de matière excrémentielle, toujours dure, noire et d'une forme régulière.

Jours.	Dates	Quantit. de la Feuille.		TEMPÉRATURE				Hygromètre dans l'Intérieur.		ÉTAT de L'ATMOSPHÈRE.	ESPACE occupé par les vers sur les claies.	
		liv.	onc.	Intérieure.	Extérieure au Couchant.						largeur. pieds.	long. pieds.
1ᵉʳ.	19 mai	13	8	18 »	16	22		40	45			
2ᵉ.	20	43	»	17 »	10	26		39	44	vent.		
3ᵉ.	21	45	8	$17\frac{1}{2}$ »	12	20		44	46	beau temps.	3	65
4ᵉ.	22	25	»	$17\frac{1}{2}$ »	12	18		38	46	ciel nébuleux.		
5ᵉ.	23	13	»	$17\frac{1}{2}$	11	28		35	50	beau, gr. calme.		
6ᵉ.	24	2	»	$17\frac{1}{2}$	12	19		50	55	nébul. et vent.		
7ᵉ.	25	6	»	17	12	17		48	56	pluie et vent.		

OBSERVATIONS.

OBSERVATIONS.

A 7 heures du matin, on a commencé le délitement des vers avec de petits rameaux comme à l'ordinaire. — On a observé quelques vers qui n'ont pu muer, et on les a mis à part. — Le corps des chenilles se développe; il blanchit un peu, et leur tête prend une couleur brune. — Leur appétit est modéré. — Le peu de vers qui dormaient encore hier au soir se réveillent. — On a fait trois fois des feux de flammes. — La feuille a été donnée en 4 repas. — Dans cet âge, on la coupe moins menu.

De grand matin, on a délité les vers éveillés les derniers. — On ne leur a donné que 4 repas et quelque peu de feuilles de temps en temps. Les deux derniers repas sont les plus forts, eu égard à leur appétit, qui augmente.

Les vers s'allongent et deviennent transparens. — On leur a servi 4 repas, les deux premiers plus forts. — On maintient la température ci-contre à l'aide des deux poêles.

On fait des feux de flammes qui agissent efficacement sur la santé des vers. — On a donné 4 repas progressivement plus légers.

Depuis midi, les poêles n'ont plus été allumés. — On a fait des feux de flammes vers la nuit. — On a donné 5 repas, et quelque peu de feuilles dans les intervalles. — L'atelier conserve une odeur agréable.

Les vers s'assoupissent. — On a fait des feux de flammes. — On a distribué un peu de feuilles au fur et à mesure de leur besoin.

Les vers se sont éveillés assez régulièrement dans le cours de la journée, et le soir on les a délités. — On en a trouvé une vingtaine qui n'ont point mué. — Le temps pluvieux paraît avoir retardé un peu le réveil des vers. — Les petits rameaux employés à les lever ont servi de premier repas. — Six heures après, on a donné trois livres de feuilles. — Le corps des vers paraît sans poil à l'œil nu. Le mouvement de leurs pattes quand on leur donne à manger, produit déjà un murmure qui ressemble au bruit de la pluie. — Leur longueur est de plus de douze lignes.

Jours.	Dates.	Quantit. de la Feuille.	TEMPÉRATURE			Hygro-mètre dans l'Inté-rieur.	ÉTAT de L'ATMOSPHÈRE.	ESPACE occupé par les vers sur les claies.	
			Intérieure.	Extérieure au Couchant.				largeur	long.
		liv. onc.						pieds.	pieds.
1ᵉʳ.	26 mai	48　»	17　»	12	21	55 64	temps nébuleux		
2ᵉ.	27 »	80　»	16　17	12	25	62 65	beau temps.		
3ᵉ.	28 »	100　»	16　17	13	28	60 72	beau temps.		
4ᵉ.	29 »	120　»	17　»	14	22	65 80	beau temps.		
5ᵉ.	30 »	60　»	17　»	15	27	60 78	beau temps.	3	155
6ᵉ.	31 »	14　»	17　18	15	25	40 45	beau temps.		
7ᵉ.	1 juin	»　»	17　18	16	27	55 85	beau temps.		

OBSERVATIONS.

Tous les vers sont éveillés et on les a délités. — On a fait matin et soir des feux de flammes. — Trois repas, celui du milieu est le plus fort.

Dans le cours de la journée, trois feux de flammes. — Quatre repas de six en six heures, en les augmentant progressivement. — La feuille est grossièrement coupée. — Le ver s'agrandit, et sa peau continue à blanchir. — Quatre repas en quantité progressive, et trois fois des feux de flammes. — Feuille non coupée.

Il y a entre les claies supérieures et celles d'en bas un degré de différence, en sorte qu'on indique ci-contre la température moyenne. — Les vers se raccourcissent un peu, et deviennent couleur de cire. — On a arrosé plusieurs fois le pavé et ouvert les soupiraux et les fenêtres. — Quatre repas toujours progressifs, en élargissant chaque fois les bandes de vers à soie. — Feuille non coupée.

Sur les 4 heures, la température s'est élevée intérieurement à 19 deg. sans qu'on ait pu la modérer. — Encore quatre repas distribués comme précédemment. — Les vers se vident très-bien. — Leur matière excrémenteuse, pulvérisée, paraît d'un vert très-foncé. — Pour le dernier repas on a coupé la feuille pour mieux la répartir. — On a fait quatre fois des feux de flammes, et arrosé plusieurs fois l'atelier. — Une partie des vers commence à s'endormir. — On a présenté aux vers à soie quelques feuilles du *broussonetia papyrifera*, W., mais ils les ont refusées.

La chaleur de l'atmosphère n'a pas permis de maintenir la température intérieure à 17 degrés. — On a donné quatre repas, et comme les vers s'assoupissent, on a diminué progressivement la quantité de la feuille. — L'atelier conserve une odeur agréable, ou plutôt il n'en a aucune.

On a fait trois fois des feux de flammes. — On a arrosé l'atelier, et on y a placé des baquets d'eau pour tempérer par l'évaporation la sécheresse qui y domine. — Sur le midi, les vers ont commencé à s'éveiller, et ils ont tous accompli leur quatrième âge dans la nuit avancée. — Les vers ont 20 lignes de longueur. — Dans cet âge et dans le suivant, on s'est attaché à leur donner de la feuille cueillie sur de vieux mûriers.

Jours.	Dates.	Quantit. de la Feuille.	TEMPÉRATURE		Hygromètre dans l'Intérieur.	ÉTAT de L'ATMOSPHÈRE.	ESPACE occupé par les vers sur les claies.	
			Intérieure.	Extérieure au Couchant.			largeur.	long.
		liv. anc.					pieds.	pieds.
1er.	2 juin	86 »	16 19	14 23	24 75	beau temps.		
2e.	3	150 »	16 19	14 30	35 87	beau temps.		
3e.	4	280 »	16 »	15 25	65 90	beau temps.	3	34
4e.	5	320 »	16 20	15 27	70 87	beau temps et orage.		
5e.	6	450 »	16 »	15 30	64 87	beau temps.		
7e.	7	520 »	16 20	17 28	60 85	beau temps.		

On a délité les vers, toujours en nettoyant avec le plus grand soin les claies et les feuilles de papier dont elles sont recouvertes.— Dans les claies supérieures, où la chaleur était inévitablement plus forte, on a trouvé quelques vers faibles et languissans, qu'on a jetés hors de l'atelier. — On a tenu les vers à soie au large pour diminuer les incommodités de la chaleur régnante ; et non-seulement on a fait plusieurs fois des feux de flammes, mais on a fait une fumigation avec *du nitrate de potasse, sur lequel on a versé un peu d'acide sulfurique ;* la vapeur qui s'en dégage détruit promptement les miasmes que la fermentation de la litière produit, et donne aux vers une énergie remarquable. — On leur a donné 5 repas.

Les vers blanchissent et prospèrent. — Ils acquièrent de l'appétit. — On a aéré l'atelier autant qu'il a été possible. — On a fait des feux de flammes, et le soir on a fait la même fumigation qu'hier. — On leur a donné 4 repas et quelques feuilles dans les intervalles.—Le premier repas a été le plus léger. — On les éclaircit autant que possible à chaque repas.

La vigueur des vers se fait remarquer par la force avec laquelle leurs pattes restent attachées aux claies. — On leur a donné 4 repas, ainsi qu'un peu de feuilles pour les occuper entre un repas et l'autre. — Les vers qui, dans l'âge précédent, n'avaient pu ronger la feuille du *broussonetia papyrifera*, W., l'ont mangée aujourd'hui assez avidement ; on se propose de faire, une autre année, des expériences comparatives.—On a fait des feux de flammes et des fumigations comme dans les deux premiers jours. — La longueur des vers est de 27 lignes.

La blancheur des chenilles s'altère. — Leur queue devient jaurâtre, mais leur belle santé continue à émerveiller les cultivateurs qui viennent visiter l'atelier. — On a fait deux fumigations, et 5 fois des feux de flammes. — On leur a donné 5 repas plus ou moins forts, en raison de leur appétit.

Feux de flammes et fumigations comme dans le jour précédent. — On a donné 4 repas ; le premier a été le plus faible, et le dernier le plus fort. — On a aussi donné quelques repas intermédiaires très-légers.

Feux de flammes et fumigations. — Cinq repas à-peu-près égaux, et quelques-uns intermédiaires.

Jours.	Dates.	Quantit. de la Feuille.	TEMPÉRATURE		Hygromètre dans l'intérieur.	ÉTAT de L'ATMOSPHÈRE.	ESPACE occupé par les vers sur les claies.	
			Intérieure.	Extérieure au Couchant.			largeur.	long.
		liv. onc.					pieds.	pieds.
7e.	8 juin	454 »	16 20	15 29	70 86	beau temps et pluie.	3	345
8e.	9 »		18 23	18 23	10 94	beau temps.		

Dans ce dernier âge, l'excès de la température augmentant l'appétit des vers et hâtant leur maturité, on a dû leur donner une nourriture plus abondante, en 4 repas progressivement plus petits; ils n'ont laissé que les nervures des feuilles; il en est même qui ont attaqué les mûres. — On a fait des feux de flammes 4 fois dans ce jour, et une fumigation matin et soir. — Les vers, par la diminution de leur volume et leur démi-transparence, annoncent leur prochaine maturité. — Ils se rident et deviennent plus tendres. — Déjà quelques-uns se traînent au bord des claies et cherchent à grimper. — On a nettoyé complétement les claies. — (Une once à-peu-près d'excrémens et de litière, renfermée dans un bocal, en a tellement altéré l'air, que des vers à soie qu'on y a introduits ont bientôt péri; ce qui démontre le danger de ne point nettoyer exactement les claies.) — On commence à former les haies avec de la bruyère commune (*calluna vulgaris*, W.) qu'on avait préparée d'avance. — *Dans cet âge, on n'a point coupé la feuille.*

On achève de former les haies en les disposant en cabannes. — On a fait 4 fois des feux de flammes et 2 fois des fumigations. — Tous les vers montent vers les bruyères, jettent leur soie, et se mettent à filer. — Le bruit qu'ils font ressemble à une forte pluie. — Ils continuent à se vider. — Un orage violent qui eut lieu pendant la nuit a dérangé quelques vers, sur-tout dans les étages supérieurs. — Les vers parvenus à leur plus grand développement sont longs de 38 à 40 lignes; il en faut 7 ou 8 seulement pour former le poids d'une once.

On a trouvé quelques vers courts, et on les a mis de côté. — On a trouvé aussi un très-petit nombre de vers jaunes, qu'on a *promptement* jetés hors de l'atelier.

N'ayant trouvé aucun ver atteint de la muscardine, et voulant reconnaître si cette maladie, qui faisait des ravages dans les alentours, était contagieuse, on s'en est procuré une centaine; les uns étaient encore rougeâtres, et les autres déjà calcinés. On les a mis avec un nombre deux fois plus fort de vers parfaitement sains; ces derniers sont restés sept jours avec les autres sans prendre la maladie; le huitième jour, ils en ont tous été atteints, à l'exception de 5 seulement qui ont filé, mais à l'ouverture du cocon, on a trouvé la chrysalide morte de la muscardine, sans se recouvrir d'un duvet blanc, comme les vers muscardins.

Jours.	Dates.	Quantit. de la Feuille.	TEMPÉRATURE				Hygromètre dans l'Intérieur.		ÉTAT de L'ATMOSPHÈRE.	ESPACE occupé par les vers sur les claies.	
			Intérieure.		Extérieure au Couchant.					largeur.	long.
										pieds.	pieds.
9e.	10 juin		18	20	17	29	3	100	beau temps et vent du sud.		
10e.	11		18	20	14	27	5	16	pluie.		
11e.	12		17	$19\frac{1}{2}$	15	26	6	86	beau temps.	3	345
12e.	13		15	20	17	29	7	90	beau temps.		
13e.	14		16	20	17	29	80	90	beau temps.		
14e.	15		17	20	18	28	86	95	beau temps.		
15e.	16		»	»	»	»	»	»	»		

Un orage très-violent eut lieu dans la nuit, et son effet fut de diminuer les forces vitales des vers fileurs. — Il en fit tomber quelques-uns, principalement des claies supérieures. — Il en est qui ne reprirent point leur travail et on les jeta dehors. — Quelques poignées de feuilles ont été nécessaires pour un petit nombre de vers tardifs. — On a continué les feux de flammes et les fumigations.

Le dernier nettoiement des claies a été exécuté avec tous les soins requis. — On a fait, matin et soir, une fumigation. — Un troisième orage également violent eut lieu dans la nuit. — Les vers qu'il fit tomber furent placés dans un endroit séparé, sur des rameaux de chêne.

Les vers travaillent avec activité. — Deux ouvriers les surveillent constamment.

On a tenu l'atelier tout ouvert dans les heures les moins chaudes de la journée.

On a continué à aérer l'atelier.

Des vers à soie qu'on s'est procurés chez des voisins, et qui étaient au quatrième jour du cinquième âge, furent exposés à 32 degrés de chaleur; il en résulte qu'ils ont pris la jaunisse, excepté quatre d'entre eux, qui, se trouvant accidentellement à l'ombre, ont fait un cocon très-flasque.

Dans cette journée on a détaché de la bruyère tous les cocons, en commençant par les claies inférieures. — Le poids total de la récolte a été de trois cent quatre livres et huit onces, poids de marc (seize rubs et six livres de Piémont).

Ces cocons sont généralement fermes, bien tissus, médiocrement gros et d'une belle couleur paille, avec un cercle rentrant dans le milieu. Cette espèce, très-recherchée par les Italiens, est connue sous le nom de *centurini*. Seize cocons pris au hasard formaient le poids d'une once.

RÉCAPITULATION.

AGES des VERS A SOIE.	Nomb. de Jours.	Quantité de la Feuille.	ESPACE occupé par les vers sur les claies.		NOTES.
			largeur.	long.	
		liv. onc.	pieds.	pieds.	
Temps que les œufs ont mis pour éclore dans la chamb. chaude.	11				La feuille donnée dans les repas intermédiaires n'est point comprise dans ce tableau.
I âge..............	5	13 14	3	15	
II âge..............	4	43 8	3	27	On a obtenu une livre de cocons de neuf livres de feuil. épluchées.
III âge..............	7	148 »	3	65	
IV âge..............	7	422 »	3	155	
V âge, jusqu'à la montée des vers......	13	2,260 »	3	345	
	47	2,887 6			

IMPRIMERIE DE MADAME HUZARD (NÉE VALLAT-LA-CHAPELLE), RUE DE L'ÉPERON, N°. 7.